Francisco Marques

Floresta da Brejaúva

Aos irmãos e irmãs do PELEJANDO,
jornal das Comunidades Eclesiais de Base,
Comissão Pastoral da Terra e Pastoral Operária
de Minas Gerais.
As dezoito histórias deste livro são recriações
de contos populares e foram publicadas,
pela primeira vez, nas páginas do
querido PELEJANDO.

Sumário

PRIMEIRA PARTE
A VIDA DOS BICHOS

Cada bicho tem um jeito

Devagar
O Macaco e o Coelho
A festa
Cansanção
O desafio
Faca, tesoura e balaio
Confusão

SEGUNDA PARTE
A PELEJA DOS BICHOS

Bichos pequenos e bichos grandes

A Ave Misteriosa
O susto
O Jabuti Botija e a Raposa Mariposa
O pulo
Chuá chuá ronc ronc
O passeio
Guerra Florestal
Felicidade
Folhas no mel
O fim do mundo
Pé pá pó

M357f Marques, Francisco
       Floresta da Brejaúva. — Belo Horizonte:
       Editora Dimensão, 1995.
          64 p. ilust. (Coleção Muitos bichos muitas
       histórias)
          Ilustrações de LUFE.

       1. Literatura infanto-juvenil.I.Título.II.Série

                            CDD 808.068
                            CDU 869.0(81)-053.2

Elaborada por Rinaldo de Moura Faria CRB-6 nº 1006

FLORESTA DA BREJAÚVA

Copyright © 1995 by
FRANCISCO MARQUES

Editora
ZÉLIA ALMEIDA

Produção
PAULO ROBERTO DE AQUINO

Ilustrações
LUFE

Revisão
LIBÉRIO NEVES

Capa e Diagramação
JAIRO SIMAN

Editoração Eletrônica
TUIM
ROBERTO SOARES

Direitos reservados à
EDITORA DIMENSÃO
Rua Rosinha Sigaud, 201 - Bairro Caiçara
Telefax: (031) 411-2122
30770-560 - Belo Horizonte - MG

PRIMEIRA PARTE
A VIDA DOS BICHOS

Cada bicho tem um jeito

Devagar
O Macaco e o Coelho
A festa
Cansanção
O desafio
Faca, tesoura e balaio
Confusão

Devagar

O filho do Jabuti estava com dor de barriga:
— Ai, ai, ai! Ui, ui, ui!
Então, o Jabuti pai avisou:
— Eu vou buscar umas folhas de goiaba. Um bom chá de folha de goiaba vai acabar com esta dor de barriga num catiripapo só. Volto já!

E o Jabuti foi andando pela Floresta da Brejaúva naquele passo de... Você sabe como é o passo de um jabuti? Se não sabe, pode imaginar. Um passinho arrastado, lento, va-ga-ro-so...

O tempo foi passando. O pequeno Jabuti esperando. A dor de barriga também foi passando. O tempo passando...

Sete anos depois, o Jabuti ainda estava pelo quintal procurando...

Um dia, tropicou numa pedra e ficou muito zangado:

— Também, bem feito! Quem mandou correr desse jeito?

E o Jabuti continuou a procurar, menos apressado e mais devagar...

7

O Macaco e o Coelho

O Macaco e o Coelho fizeram um acordo. O Macaco ia caçar borboletas e o Coelho ia caçar cobras.

De tardezinha, enquanto o Coelho dormia, o Macaco apareceu e puxou suas orelhas.

— Desculpe, compadre Coelho! Eu confundi! Mas estas suas orelhas parecem duas borboletas...

O Coelho não ficou zangado e resolveu preparar uma surpresa.

No outro dia, quando o Macaco tomava um banho de sol, o Coelho apareceu e deu uma paulada no rabo do Macaco.

— Desculpe, compadre Macaco! Eu embaralhei as coisas. Mas este seu rabinho parece uma cobrinha...

Então, os dois compadres ficaram reparando um no outro. Acabaram achando engraçado e riram de rolar no chão.

9

A festa

O Preá convidou:
— Amigo Sapo, vamos na festa da Cutia?
— Oba! Oba!
E o Sapo convidou:
— Amigo Macaco, vamos na festa da Cutia?
— É pra já! É pra já!
No dia da festa, na hora da festa, aquela animação! O Jabuti tocava flauta. A Coruja tocava sanfona. O Coelho tocava pandeiro. A bicharada dançava o tempo todo.

Quando o Macaco entrou na dança... Foi aquele rebuliço! O Sapo pisou no rabo do Macaco e continuou a dançar. O Macaco esbravejou e quis pisar no rabo do Sapo:
— Cadê o rabo do Sapo?
— Sapo não tem rabo, amigo Macaco! — gritou a Cutia.

E o forró continuou. Logo depois, foi a vez do Preá pisar no rabo do Macaco e continuar a dançar. O Macaco trovejou:
— Agora eu piso no rabo desse Preá prequeté!

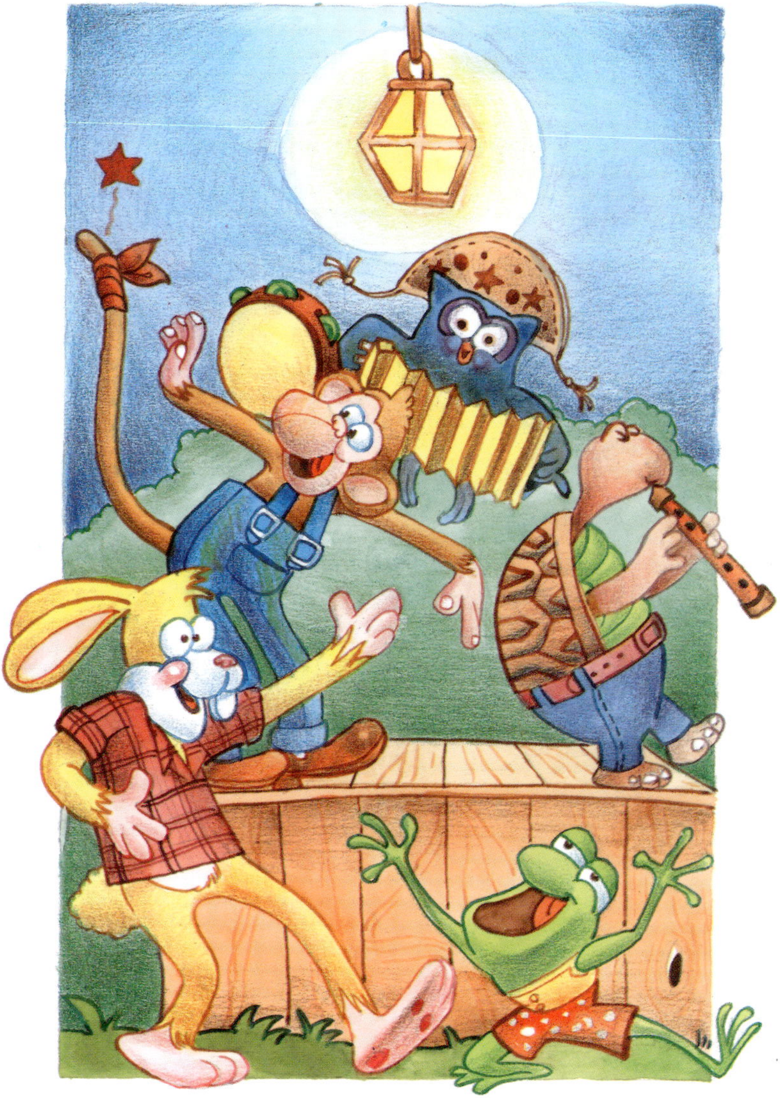

— Preá não tem rabo! — gritou o Sapo.
E a orquestra continuou.
Depois, foi a vez da Cutia. Pá!
O Macaco relampejou:
— Cadê a Cutia? Foi ela! Vou pisar no seu rabo!
— Mas Cutia também não tem rabo! — explicou o Preá.
Depois de tanto pisa-pisa, o Macaco tomou uma decisão. Trocou de lugar com o Coelho. Foi tocar pandeiro. E o Coelho foi dançar sossegado, porque Coelho não tem rabo pra ser pisado...
E o forrobodó destramelou...

Cansanção

A roça da Onça estava coberta de cansanção. Cansanção é uma planta danada. Se esbarra no bicho, dá uma coceira lascada!

Vendo aquela situação, a Onça lançou o desafio:

— Quem capinar a minha roça, vai ganhar um lindo boneco. Mas não pode se coçar!

O Macaco foi o primeiro a aparecer, mas logo parou porque se coçou.

A Paca trabalhou um pouquinho, mas desabou numa coceira medonha.

O Sapo ficou firme, mas acabou pulando de tanto se coçar.

Depois, veio o Coelhinho e grudou na enxada. Limpou um bom pedaço de roça e perguntou:

— Dona Onça, esse boneco que eu vou ganhar é pintado assim, assim, neste lugar, assim...

Com esta conversa, o Coelhinho se coçava à vontade. Depois, voltava a trabalhar. Quando o cansanção encostava no seu corpo, perguntava:

14

— Dona Onça, mas este boneco tem uma mancha neste lugar, assim, bem assim, aqui, assim...

Deste modo, acabou de limpar toda a roça.

A Onça, aborrecida, entregou o lindo boneco feito de cabaça.

O desafio

O Coelho desafiou o Sapo para disputar uma corrida. O Sapo aceitou, mas fez um pedido:

— Você corre pela estrada e eu corro pelo mato. No mato eu corro melhor.

O Coelho aceitou e completou:

— De vez em quando, eu dou um assovio e você responde. Assim, eu fico sabendo onde você está. E posso até descansar um pouco...

No dia seguinte, todos os bichos da Floresta da Brejaúva pararam para assistir.

O Macaco apitou e a corrida começou.

O Coelho disparou. Corria como um raio em noite de tempestade. Correu, correu e parou. E resolveu assoviar para saber onde estava o Sapo:

— Fiuuu fuiii...

E ouviu (espantado) a resposta do Sapo lá na frente:

— Cruac cruac cruac...

O Coelho disparou mais ainda. Relâmpago! Correu dez vezes mais. E resolveu assoviar novamente:

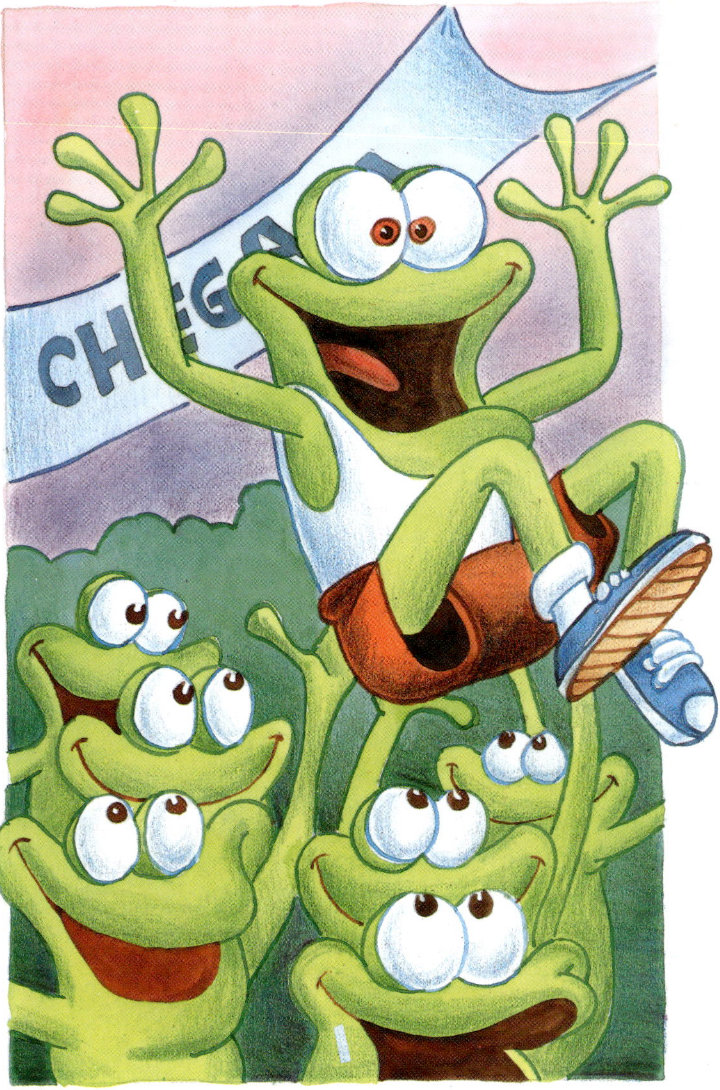

Bem lá na frente (bem lá mesmo!) o Sapo respondeu:

— Cruac cruac cruac...

O Coelho foi ficando cansado, cansado... Sempre assoviava e lá na frente o Sapo respondia. O Coelho foi ficando com as pernas bambas...

O Sapo, saltitante, foi muito aplaudido quando cruzou a linha de chegada. A bicharada da floresta ficou admirada.

Então, o Sapo deu uma grande coaxada e falou:

— Cruac! Cruac! Meus amigos, podem sair da beira do mato. Vamos comemorar a nossa vitória!

E centenas de sapos saíram da beirinha do mato, pulando e cantando. Eram eles que respondiam quando o Coelho assoviava.

Faca, tesoura e balaio

Naquele dia, o Macaco acordou com muita fome. Mas não sabia como arranjar comida.

Estava assim pensando, imaginando, quando ouviu um Bem-te-vi cantar.

— Bem-te-vi! Bem-te-vi! Bem-te-vi!

O Macaco deu um pulo e saiu correndo para procurar:

— Viu o quê? Onde está? Cadê?

De tanto procurar, o Macaco achou uma faquinha velha, toda enferrujada, e saiu andando pela estrada.

Logo encontrou o Sapo costurando.

— Bom dia, amigo Sapo!

— Bom dia, amigo Macaco! Veja só. Essa minha tesoura velha não serve para mais nada.

— Quer a minha faca emprestada?

O Macaco emprestou. E quando o Sapo foi usar, a faca quebrou.

O Macaco esperneou e chorou:

— Eu quero a minha faca! Quero a minha faquinha!

20

O jeito foi o Sapo dar a sua tesoura para o Macaco.

Mais na frente, o Macaco encontrou a Tartaruga fazendo balaios.

— Bom dia, amiga Tartaruga! Quer a minha tesoura emprestada?

Quando a Tartaruga foi usar, a velha tesoura quebrou em quatro pedaços.

O Macaco chorou, chorou:

— Quero a minha tesourinha!

O jeito foi a Tartaruga dar um balaio para consolar aquela tristeza.

Lá na frente, o Macaco encontrou o Coelho colhendo frutas.

— Bom dia, amigo Coelho, quer o meu balaio emprestado para guardar estas frutas?

O Coelho aceitou, mas quando terminou de guardar as frutas... O balaio furou.

Conclusão: deu um enorme saracotico no Macaco.

O jeito foi o Coelho dar algumas frutas para acalmar aquela sapituca.

O Macaco, agradecido, espantou a sua fome e foi beber água na Lagoa Grande.

Confusão

Alguma coisa estranha começou a acontecer na Floresta da Brejaúva: árvores derrubadas, rios imundos, bichos brigando...

No meio de tanta tristeza, alguns bichinhos tomaram uma atitude: convidaram a bicharada para um Grande Encontro Geral.

A notícia se espalhou como fumaça. E como atrás de fumaça vem fogo, a notícia se espalhou como fogo!

E no dia marcado, debaixo de uma árvore (uma que sobrou!), o Sapo puxou a prosa:

— Esta floresta está ficando muito esquisita. Precisamos acabar com essa esquisitice!

A conversa estava animada, mas logo começou uma confusão danada. Cada bicho tinha uma mania...

A Onça só queria dar ordens.

O Papagaio só queria falar, falar, falar...

A Preguiça, pendurada na embaúba, puxava aquela soneca.

A Coruja não falava um "a", mas prestava uma atenção...

23

O Macaco só fazia macaquices.
O Camaleão mudava de cor (e de opinião) toda hora.
O Beija-flor não parava quieto.

Agora, minha gente,
responda com exatidão:
como pode a bicharada
chegar numa conclusão?
Responda com urgência!
Chega de confusão!
Como pode a bicharada
resolver a situação?

SEGUNDA PARTE
A PELEJA DOS BICHOS

Bichos pequenos e bichos grandes

A Ave Misteriosa
O susto
O Jabuti Botija e a Raposa Mariposa
O pulo
Chuá chuá ronc ronc
O passeio
Guerra Florestal
Felicidade
Folhas no mel
O fim do mundo
Pé pá pó

A Ave Misteriosa

Essa história aconteceu no início do mundo...
Na Floresta da Brejaúva, de vez em quando, aparecia uma árvore nova com uma fruta nova. Os bichos, então, ficavam ao redor, olhando, apalpando, cheirando, observando. Mas não podiam comer. Um bicho, escolhido por todos, tinha que subir numa montanha e perguntar para uma Estrela o nome da fruta. Aí o bicho voltava, ensinava para os outros e, finalmente, podiam retirar a fruta da árvore e comer.

Num belo dia... Os bichos encontraram uma árvore nova, repleta de frutas amarelas.

Como os nomes, naquela época, eram um pouco complicados, resolveram enviar para a montanha um bicho de nome um pouco complicado também.

Depois de muitas prosas e sugestões, decidiram que a Jaguacacaca iria conversar com a Estrela.

Já cansada de carregar tantos ''as'', a nossa amiga Jaguacacaca chegou no topo da montanha e perguntou:

— Estrela amiga, qual o nome daquela fruta amarela que apareceu aqui na Terra?

E a Estrela, com uma voz brilhante, respondeu:

— O nome da fruta é
mussá mussá mussá
mussagambira mussauê.

A Jaguacacaca agradeceu a informação e tomou o caminho de volta, repetindo:

— Mussá mussá mussá
mussagambira mussauê.

Cansou de falar e resolveu recitar:

— Mussá mussá mussá
mussagambira mussauê.

Cansou de recitar e resolveu cantarolar:

— Mussá mussá mussá
mussagambira mussauê.

De repente, no meio desta viagem repleta de "mussás", apareceu uma Ave Misteriosa. Ela veio se aproximando lentamente, lentamente, voando silenciosamente, até ficar bem pertinho da Jaguacacaca. E neste exato momento a Ave começou a falar:

— Manga selenga ingambela
vina quivina vininim.

Cansou de falar, resolveu recitar:
— Manga selenga ingambela
vina quivina vininim.
Cansou de recitar, resolveu cantarolar:
— Manga selenga ingambela
vina quivina vininim.
Depois de um certo tempo, quando a Jaguacacaca estava repetindo o nome da fruta pela milésima vez, os nomes se embaralharam:
— Mussá mussenga mussarela.
Confusa, assustada, a Jaguacacaca tentou novamente:
— Marcela gamela remela tramela
serigüela pitanga gergelim...
Chegando na Floresta, junto dos bichos, não soube dizer o nome da fruta.
Foi uma tristeza florestal...
Resolveram, então, enviar a Murucututu. E ela saiu ligeirinha, voando, batendo asas, espalhando "us" pelos quatro cantos...
Perguntou para a Estrela e a Estrela respondeu. A Murucututu voltou falando, recitando, cantando... E aparece, novamente, a Ave Misteriosa...

29

A Murucututu embaralha os nomes...
Tristeza!

Resolveram, então, mandar um bicho com um nome bem estranho: o Cágado (com acento no primeiro "a").

Na volta, va-ga-ro-sa-men-te, o Cágado vinha falando, recitando, cantando... De repente, espevitada, aparece a Ave Misteriosa. Mas a misteriosa Ave não contava com a calma e tran-qüi-li-da-de daquele parente da Tartaruga e do Jabuti.

O Cágado, muito concentrado e compenetrado, não se deixou embaralhar com as palavras da misteriosíssima e continuou falando-recitando-cantarolando:

— Mussá mussá mussá
    mussagambira mussauê.

Chegando na Floresta da Brejaúva, o Cágado ensinou o nome da fruta, todos aprenderam, provaram e aprovaram. Que delícia!

Muito tempo depois (mas muito tempo mesmo!), esta fruta recebeu o nome de "laranja". Ufa! Ainda bem! Um nome mais simples...

O susto

O Sapo estava sentado numa pedra, na beira do riacho, tomando sol, quando chegou a Onça tagarelando:

— Que bichinho esquisito, nojento, fraco e feio!

— Ah! É você, dona Onça? Que tal um desafio? Vamos ver quem é o mais forte?

A Onça não deu importância ao desafio de um bichinho de nada, mas o Sapo insistiu:

— Vamos ver quem grita mais forte?

A Onça torceu o bigode, mas acabou aceitando a peleja. Soltou um miado tão forte que a terra tremeu. Até fechou os olhos para miar mais alto.

Quando abriu os olhos, lá estava o Sapo em cima da pedra...

A Onça já estava ficando nervosa:

— Agora é a sua vez, bichinho mixuruca!

O Sapo coaxou baixinho. Cruac... Mas, neste momento, todos os sapos do riacho coaxaram junto. Eram dez, cem, mil sapinhos cantando ao mesmo tempo. Parecia um trovão!

32

A Onça, coitada, que nunca poderia esperar um barulho daquele tamanho, ficou com o coração disparado de susto e saiu em disparada pela floresta.

O Jabuti Botija e a Raposa Mariposa

Na Floresta da Brejaúva, a gente sempre encontra um bicho grande atazanando um bicho pequeno. É só procurar com atenção. Lá está! Repare...

O Jabuti tocava gaita no oco de uma árvore:
— Foim fiom fiim foom...

De repente, apareceu a Raposa e gritou:
— Sai daí, Jabuti! Para de tocar esta gaita rabugenta! Vamos ver quem é o mais forte?

O Jabuti, tranqüilão, guardou a sua gaita e saiu do oco.

A Raposa voltou a gritar:
— Pega esta corda. Puxa de lá que eu puxo de cá.

O Jabuti concordou e acrescentou:
— É pra já. Você fica na terra e eu fico na água. Combinado?

— Combinado, Jabuti Botija.

O Jabuti matutou, matutou, entrou na lagoa com a corda na mão, nadou, nadou... E mergulhou... E amarrou a ponta da corda numa enorme raiz debaixo d'água.

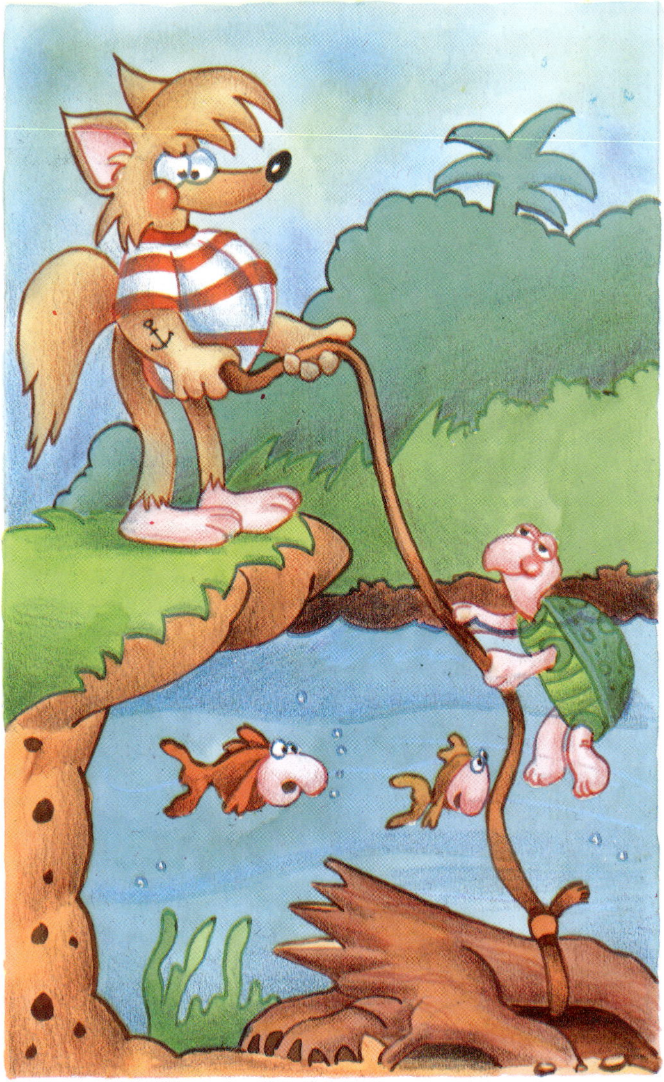

A Raposa, na terra, gargalhava e desafiava:
— Pronto? Podemos começar? Um dô lá si, vamos e já!

Quando a Raposa puxou, quase caiu. Ela não esperava tanta resistência por parte de um bichinho chinfrim. Mas não desanimou. Deu outras gargalhadas e puxou mais, com mais força. E nada de arrastar o Jabuti. Esbaforida, com a língua de fora, a Raposa caiu no chão, exausta.

O Jabuti mergulhou, desamarrou a corda e foi saindo calmamente da lagoa.

A Raposa arregalou os olhos:
— Jabuti, você quase morreu fazendo tanta força! Você deve estar muito cansado, muito mesmo.
— Nem um pouquinho, amiga Raposa Mariposa.

A Raposa foi embora sem entender nadinha...

O Jabuti voltou para o oco da árvore, pegou a gaita e continuou a tocar:
— Fiom foim foom fiim...

O pulo

A Onça encontrou com o Gato e pediu:
— Amigo Gato, você me ensina a pular?
O Gato ficou muito desconfiado, mas concordou.
Nas últimas aulas, a Onça pulava com rapidez e agilidade — parecia um Gato gigante.
— Você é um professor maravilhoso, amigo Gato! — dizia a Onça, agradando.
Uma tarde, depois da aula, foram beber água no riacho. E a Onça fez uma aposta:
— Vamos ver quem pula naquela pedra?
— Vamos lá!
— Então, você pula primeiro — ordenou a Onça.
O Gato — zuuum — pulou em cima da pedra. E a Onça — procotó — deu um pulo traiçoeiro em cima do Gato.
Mas o Gato pulou de lado e escapuliu tão rápido como a ventania.
A Onça ficou vermelha de raiva:
— É assim? Esta parte você não ensinou pra mim!
E o Gato respondeu cantando:
— O pulo de lado é o segredo do Gato!

38

Chuá chuá ronc ronc

A Cobra tem um ímã nos olhos. Você sabia? Eu também não, mas dizem que ela tem. E quando a Cobra olha para o Sapo e o Sapo olha para a Cobra... O coitado do Sapo-sapinho vai andando quieto-quietinho, puxado pelos olhos mágicos da Cobra, direto-diretinho para o nhec! da boca da Arboc.

Mas um dia (e sempre tem um dia depois de uma noite), quando a Cobra estava pronta para abocanhar o Sapo Jururu, o bichinho cantou:

— O seu dente não fura o meu couro! O seu dente não fura o meu couro!

— Não fura? Por quê?

— Porque o meu couro é duro como pedra! Porque o meu couro é duro como pedra!

— Não é!

— É!

— Então vou jogar você no fogo!

— O fogo não queima o meu couro! O fogo não queima o meu couro!

— Não queima? Por quê?

40

— Porque o meu couro é à prova de fogo! Porque o meu couro é à prova de fogo!
— Não é!
— É!
— Então eu vou jogar você na água!
— Não! Na água, não! Eu não sei nadar! Eu vou morrer afogado!
— Pois eu quero ver você afogadinho. Adeus, Jururu!

Tigudum!

E a Cobra jogou o Sapo na Lagoa Grande. O Sapo afundou, desapareceu... Mas logo apareceu, nadando de costas, boiando, tranqüilo, todo frajola:

— Muito obrigado, dona Cobra. Minha casa é a água. Sou bicho d'água. Obrigadinho, dona Cobrinha!

E o Sapo chuá chuá todo contente, nadando, nadando...

E a Cobra ronc ronc toda emburrada, resmungando, resmungando...

O passeio

O Bem-te-vi tomava banho de sol num galho da paineira. De repente, ouviu uma conversa misteriosa:

— Para acabar com o Sapo, só jogando o bichinho no buraco sem fundo. Entendeu, senhor Jacaré?

— Buraco sem fundo, dona Onça?

— Sim. No buraco sem fundo. De tão fundo, o buraco perdeu o fundo e saiu do outro lado do mundo.

— Mas como trazer o Sapo até aqui? Se tentamos pegar, ele escapa!

— Com jeitinho, senhor Jacaré. Deixe comigo. Quando ele estiver perto do buraco, você empurra.

O Bem-te-vi ficou assustado com a conversa e foi correndo contar tudo ao Sapo.

— Eu ouvi, amigo Sapo. É pura verdade.

— Obrigado pelo aviso, amigo Bem-te-vi.

Não demorou muito, a danada apareceu:

— Boa tarde, amigo Sapo. Estava com saudade do senhor.

— Eu também, dona Onça, mas eu machuquei o pé e não estou conseguindo pular. Por isto, não fui visitar a senhora.

— Machucou o pé? Que azar! Eu queria levar o senhor para passear comigo. E agora? Como vamos fazer?

— Se a senhora deixar eu montar nas suas costas...

— Quê? Montar nas minhas costas?

— É o único jeito. Ou então eu fico em casa...

— Pode montar nas minhas costas. Você precisa passear, conhecer coisas novas.

O Sapo, fingindo muita dor no pé, pediu licença para colocar a sua sela de montaria. A Onça resmungou, mas aceitou. Depois de amarrar a sela, pediu para colocar o arreio. A Onça resmungou, gritou, mas aceitou novamente. Antes de montar, o Sapo pôs a sua bota de esporas e pegou o seu chicotinho.

A Onça bufava de raiva, mas estava disposta a fazer qualquer sacrifício. Afinal, aquele seria o último passeio do Sapo...

44

Então, o Sapo montou na Onça, sentou firme na sela, segurou com força no arreio, deu duas esporadas e duas chicotadas. E a Onça saiu numa correria destrambelhada. Queria parar, mas não conseguia. O Sapo segurava firme no arreio e a Onça corria, galopava, zunia.

O Bem-te-vi, vendo aquilo, voou avisando os bichos amigos. Quando passaram perto do Jacaré, a Onça quis pedir ajuda. Mas o Jacaré fugiu ligeirinho, estabanado...

E assim, montado na Onça, o Sapo passeou por toda a Floresta da Brejaúva...

Guerra florestal

A dona Onça ia passeando pela "sua" floresta quando ouviu alguém cantar:

— Rei Grilo! Rei Grilo! Rei Grilo!

— Que desaforo é este, seu Grilinho de meia tijela? Desde quando você é Rei? Nesta floresta não tem Rei! Tem Rainha! E a Rainha sou eu!

Mas o Grilo nem tchum e continuou cantando:

— Rei Grilo! Rei Grilo! Rei Grilo!

Bufando de raiva, a Onça inventou uma nova lei:

— Você me paga, Grilinho. Eu, a Rainha da Floresta, decreto a Primeira Guerra Florestal. Todos os bichos de pêlo estão convocados para lutar contra os bichos de asa.

E a nova lei foi pregada em todas as árvores da floresta:

Atenção! Bichos de pêlo, venham lutar na Primeira Guerra Florestal!

O Grilo não ficou grilado e convidou apenas algumas vespas (daquelas brabas) e guardou dentro de uma cabacinha...

47

No dia da guerra, a Onça apareceu com o seu batalhão e viu do outro lado o Grilo sozinho com uma cabacinha na mão.

— É assim que você vai para uma guerra, Grilinho desaforado?

Virando para trás, a Rainha ordenou:

— Contarei de um até três e avançaremos. Sigam-me! Um, dois...

Não deu tempo para chegar até o "três". Neste exatíssimo instante, o Grilo jogou a cabacinha na direção dos bichos de pêlo. A cabaça espatifou no chão, ploft!, e as vespas saíram zunindo, zuuum, e ferroaram a orelha da Onça, o rabo do Tamanduá, o nariz da Raposa...

Com tanta ferroada, o batalhão virou um bafuá: bicho correndo pra todo lado, bicho trombando com bicho...

E a Guerra Florestal acabou sem começar.

O Grilo continuou cantando. E até hoje canta assim:

— Rei Grilo! Rei Grilo! Rei Grilo!

Felicidade

Mãe Tartaruga estava na Floresta da Brejaúva colhendo algumas frutas para as tartaruguinhas quando... procotó!

Escorregou na ribanceira e o lindo maracujá saiu rolando. A Raposa não perdeu tempo e... tigudum! Pegou o maracujá e correu para a toca.

A Tartaruga também não perdeu tempo. Chegou na boca da toca e falou firme:

— Ô dona Raposa, devolve o maracujá! É o alimento das minhas tartaruguinhas.

— Só devolvo se você me der um pouco de leite.

— Leite? Mas, dona Raposa, onde vou encontrar leite por aqui?

— Uai! Pede à Vaca!

E a Tartaruga foi conversar com a Vaca:

— Ô dona Vaca, eu quero um pouco de leite para dar à dona Raposa, para ela devolver o nosso maracujá.

— Muuu! Só dou se me der capim.

— Mas onde vou encontrar capim?

— Muuu! Pede à dona Terra!

50

E lá foi a Tartaruga...

— Ô dona Terra, eu quero um pouco de capim para dar à dona Vaca, para ela dar um pouco de leite à dona Raposa, para ela devolver o nosso maracujá.

— Só dou se mandar um pouco de chuva.

— Mas onde eu vou conseguir chuva, dona Terra?

— Ué! Pede à Nuvem!

E a Tartaruga foi pedir chuva à Nuvem. Mas a Nuvem pediu fogo. E a Tartaruga foi pedir fogo à Pedra. Mas a Pedra pediu um rio. E a Tartaruga, já torta de cansada, foi conversar com a Fonte:

— Ô dona Fonte, eu quero um rio para dar à Pedra, para dar fogo à Nuvem, para dar chuva à Terra, para dar capim à Vaca, para dar leite à Raposa, para devolver, ufa!, o nosso maracujá.

A Tartaruga, então, conseguiu atender todos os pedidos. Entregou uma cuia de leite para a dona Raposa e pegou de volta o belo maracujá.

E lá foi ela, toda serelepe, contente, vitoriosa, levando a deliciosa fruta para as suas tartaruguinhas.

De repente, a Tartaruga foi começando a ficar séria, chateada, brava, bravíssima:

— Felicidade boba! O maracujá já era nosso mesmo!

Folhas no mel

Um dia, as onças combinaram:
— Nós vamos cercar a lagoa e não deixaremos o Macaco beber água.

A vigilância era total. Onças espalhadas por todos os lados. Olhos acesos, unhas grandes, dentes fortes e salto ligeiro. Dia e noite, vigiavam tudo.

O Macaco já estava seco de sede. Aquela era a única lagoa da floresta. O rio mais próximo estava a léguas de distância.

O Macaco estava triste, chué, embodocado, olhando as abelhas trabalhando, quando teve uma idéia:

— Amigas abelhas, eu gosto tanto de mel!

E as abelhas, amigas, despejaram bastante mel numa folha de bananeira.

Então, o Macaco lambuzou o corpo de mel, da cabeça aos pés, e depois rolou num monte de folhas. Rolou, rolou e rolou. Quando levantou, estava coberto de folhas. E saiu correndo para a lagoa.

Quando as onças avistaram aquele bicho estranho, foi um tremendo zunzunzum:

54

— Que bicho é este?
— É o Bicho Folha!
— Bicho Folha?!
— Não conhecia este bicho...

Resultado: o Bicho Folha passou no meio de todas as onças e foi beber água na lagoa grande.

No outro dia, a mesma coisa. Aparece o Bicho Folha, bebe bastante água, vai embora e as onças ficam assustadas.

Um dia, o Bicho Folha resolveu nadar também. E... tigudum! Nadou, mergulhou e boiou à vontade. Mas a água molhou o mel e desgrudou as folhas do corpo. Quando saiu, as folhas foram caindo, caindo...

No meio do caminho, percebendo o que estava acontecendo, o Macaco deu uma pirueta abracadabrante no ar e fugiu quase voando.

As onças, assustadíssimas, ficaram sem entender a história...

O fim do mundo

O Jabuti vivia tocando flauta:
— Fim fom fim fom...
A Onça ouviu aquela música e perguntou:
— Amigo Jabuti, posso tocar a sua flauta?
— Eu não sou bobo, dona Onça. Você quer sumir com a minha flauta.
— Então, toca para eu ouvir.
E o Jabuti tocou:
— Fim fim fom fom...
— Esta música é muito bonita. Você, Jabuti, é um bom flautista. Posso tocar um pouquinho?
O Jabuti ficou muito contente com o elogio e emprestou.
Zzzzzzzzpt!
E agora? A Onça saiu correndo com a flauta do Jabuti. Parecia um foguete.
O Jabuti, embutido no seu casco, matutou, imaginou...
Chegando na estrada velha, parou e cheirou:
— A dona Onça costuma passar por aqui!
E o Jabuti começou a tirar cipós e jogar na estrada.

57

Logo a Onça apareceu. Olhou aquela confusão de cipós e perguntou:

— O que é isso, Jabuti? Para que tanto cipó?

— O mundo vai acabar. A senhora não sabe? E só não morrerá quem estiver amarrado.

— Quê?! O mundo vai acabar?! Eu não sabia!

— A senhora anda mal informada...

A Onça arregalou os olhos, entortou a boca e quase chorou:

— Por favor, amigo Jabuti, eu não quero morrer! Quero ficar amarrada numa árvore bem forte. Tome a sua flauta. Muito obrigada! Agora, por favor, eu quero ficar amarrada numa árvore bem forte. Eu não quero morrer!

Então, o Jabuti amarrou a Onça num tronco de jatobá. Amarrou bem amarrada, com todos os cipós.

Depois de tudo pronto, a Onça desconfiou:

— Este cipó não está muito apertado?

— Não, dona Onça. É assim mesmo. Ou a senhora prefere sumir quando o mundo acabar?

— Não! Não! Assim está ótimo! Muito obrigada!

O Jabuti pegou a sua flauta e despediu:

— Bom fim de mundo, dona Onça!

De longe, o Jabuti ainda ouvia a Onça agradecer:

— Obrigada! Muito obrigada!

E o Jabuti, muito musical, foi tocando sua flauta:

— Fom fim fim fom...

E aqui é o fim da história, mas não é o fim do mundo...

Pé Pá Pó

Uma árvore. Muitas frutas. Deliciosas!

Deliciosas no sonho, porque os bichos da Floresta da Brejaúva não podem comer. Ou melhor, podem, mas as danadinhas não desgrudam do galho. E se desgrudam, viram pedras! Para colher e comer aquela delícia é preciso chegar debaixo da árvore e pronunciar, muito bem pronunciado, o nome da fruta.

Somente um bicho, apenas um bicho, em toda a Floresta, sabe o tal nome da tal fruta. O nome desse bicho rima com mariposa... Isso mesmo: a Raposa, aquela mesma da história da Tartaruga e do maracujá...

De vez em quando, um bicho aparece na casa da Raposa para aprender o nome misterioso. E ela ensina. Acontece, entretanto, que o nome é um pouco complicado e a Raposa, muito Raposa, foi morar bem longe da bendita árvore... Assim, misturando a complicação do nome com a distância da estrada, os brejauvenses aprendiam neca-de-pitibiriba!

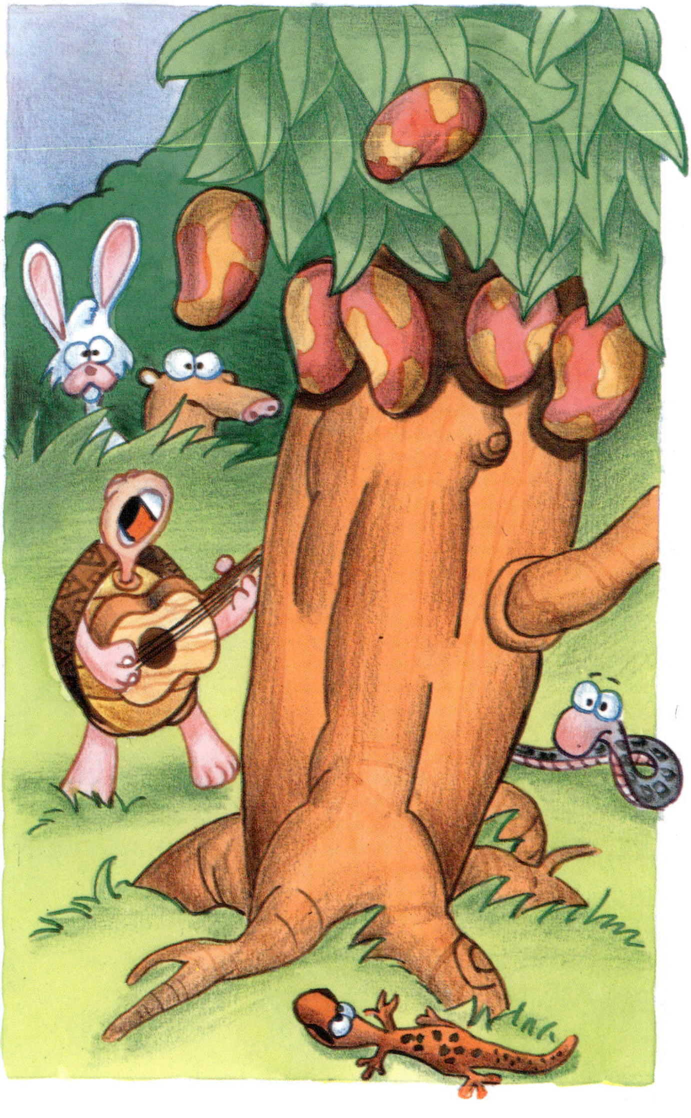

Numa bela manhã de chuva, a Tartaruga resolveu desvendar este mistério. Guardou o mapa e a viola no casco e zuuummm...

Sete anos depois, chegou na casa da Raposa, toc-toc-toc, fez a pergunta e escutou aquele respostão:

— O nome da fruta é
frutapépretopápratapópápópé.

A Tartaruga, então, tonta, quase atarantada, respirou fundo, profundamente, tirou a violinha de dentro do casco, ajeitou, limpou a garganta, cof-cof, deu meia-volta e destramelou a cantoria:

— Fruta pé
Preto pá
Prata pó
Pá pó pé.

Sete anos depois, chegou debaixo da árvore misteriosíssima, reuniu os bichos e rasgou o verbo:

— Eu aprendi o nome e vou ensinar para vocês muito bem ensinado. Até inventei uma musiquinha, porque cantando os bichos não esquecem.

E a cantoria tomou conta dos quatro cantos da terra:

— Fruta pé
Preto pá
Prata pó
Pá pó pé.
Os bichos da Floresta da Brejaúva, ufa!, puderam, finalmente, experimentar a bendita fruta. Beleza! Além de deliciosa, a fruta tinha o estranho poder de dar muita vontade de viver.
Viva a vida!

Impressão e acabamento
Gráfica O Lutador
Praça Padre Júlio Maria, nº 1 - Planalto
Belo Horizonte - MG CEP 31740-240
Telefax: (31) 3441-3622
www.olutador.org.br
lutador@olutador.org.br